烘烤过的

樱桃派

新鲜的

尚锦烘焙系列

大师级缤纷水果挞

（日）森和子 著

尚锦 译

中国纺织出版社

草莓派

新鲜的

烘烤过的

西洋梨派

新鲜的

目录

10 本书中的挞

12 基本的挞皮

    13 法式甜挞皮的做法

    15 法式酥脆挞皮的做法

18 杏仁黄油馅

FRESH TARTE 新鲜水果挞

23 综合水果挞

24 卡仕达奶油的做法

27 草莓挞

29 草莓＆卡仕达挞

31 无花果挞

33 无花果小挞

35 蓝莓挞

37 桃子挞

39 车厘子挞

41 西洋梨挞

43 芒果＆椰子挞

46 栗子挞

47 柿子挞

BAKED TARTE　烘烤水果挞

51　苹果挞

53　苹果＆美式奶酥挞

54　美式奶酥的做法

55　蛋奶液的做法

57　车厘子克拉芙缇挞

59　蜜柑＆薄荷挞

61　草莓＆美式奶酥挞

63　柠檬挞

66　香蕉＆椰子挞

67　巧克力挞

69　无花果＆大黄酱挞

71　柳橙＆坚果挞

73　核桃挞

75　草莓＆抹茶奶酥挞

77　奶酪挞

79　蜜枣＆奶油奶酪挞

81　蓝莓＆美式奶酥挞

83　西洋梨＆黑加仑挞

85　大黄果酱＆美式奶酥挞

87　杏子＆核桃挞

89　南瓜挞

91　栗子＆美式奶酥挞

92　关于材料

关于本书的食谱

· 鸡蛋使用小一点的鸡蛋（净重约50克每个）

· 鲜奶油采用脂肪含量45％的动物性鲜奶油。

· 烤箱的加热温度、加热时间与烘烤完成的状态皆根据机型而异。书中时间仅作参考，请视情况进行调整。

· 只烤挞皮时，将挞模放入烤盘再烤。而要将杏仁黄油馅、蛋奶液和水果等一起放进挞模中烘烤的时候，则将挞模放在冷却架上，一起放进烤箱烘烤。

· 烘烤之前，先将挞皮的面团充分静置饧发，烤之后就不太会回缩。不过根据面团状态和烤箱的不同，烤好后还是会有差异。要放进挞中的杏仁黄油馅及蛋奶液的分量，要依照烤好的挞皮来调整。

本书中的挞

挞是由挞皮、奶油、馅料食材以及表面装饰所构成的。基本的结构虽然相同，但更换尺寸、挞皮和奶油，馅料食材用不同的组合方式，就能够做出各种各样的挞。

挞和派的面粉料已经混用；馅也可以通用；尺寸也没有严格区分。一般而言，边缘直上直下的，更硬脆一些的，馅料少些的，高度低些的，称为挞。边缘是斜的，软一些，高度高一些，馅料较多的，称为派。

本书中为方便阅读，大部分内容统一称为"挞"。

挞模

本书使用直径22厘米、18厘米、16厘米的挞模，直径8厘米的无底模具，以及长边为22厘米的长方形挞模。挞模最好使用底部可拆卸的。挞模深度约为2.5厘米，无底模具深度约为1.5厘米。如果是初学者，建议使用8厘米或16厘米的挞模，特别是制作整个新鲜水果挞的时候，如果尺寸较大，排列水果时可能会感到困难。一开始就先从小尺寸开始吧！

挞皮

制作挞的时候，首先将面团铺入挞模，先从烘烤挞皮开始（只烤挞皮）。有着酥酥脆脆的口感，并且将面粉的美味浓缩其中的挞皮，是挞的一大魅力，而本书中将介绍两种不同的挞皮（参见第12页）。为了防止挞皮烤好之后缩小，将生挞皮铺入挞模后，要先烙面再烘烤。

黄油／蛋奶液

在挞皮和水果等材料之间，加入黄油会突显出各种食材的味道。甜挞里最常见的奶油馅料，是"杏仁黄油馅"（参见第18页），它会与水果、巧克力碎以及干果等一起填入挞皮之中。除了杏仁黄油馅，还可使用主要由鲜奶油和鸡蛋制成的液状"蛋奶液"（参见第55页）。此外，奶酪挞使用的是奶油奶酪，巧克力挞则是使用巧克力甘纳许酱（巧克力奶油酱）。

Ready to eat！

食材装饰

在挞皮和黄油中，会加入水果及干果等食材。烘烤水果挞会将食材放进挞皮中一起烘烤；新鲜水果挞会将水果和卡仕达奶油（参见第24页）或鲜奶油等材料全部铺在挞皮上。不管是哪一种甜挞，都会随着食材的不同有着不同的变化，此外，用来增添风味或作为装饰的香料及香草，也扮演着非常重要的角色。

有些烘焙店的挞，以酥脆的口感为主要特色，因为在挞皮的材料中加入了麦麸，有着诱人的香气和口感。此外，还将"法式甜挞皮"（pte Sucrée）和"法式酥脆挞皮"（Pte Brisée）这两种挞皮区分开来使用。"Sucrée"在法语中指砂糖，法式甜挞皮带有甜味，特点是口感酥脆；而"Brisée"在法语中则是脆的意思，法式酥脆挞皮不太甜，口感清脆。

制作16厘米以上的全挞时，会使用到法式酥脆挞皮。因为较大的甜挞会加入满满的馅料和水果，所以会使用清淡的挞皮，以便品尝出其他食材的甜美，以及面粉本身的美味。如果用8厘米的无底模具制作小甜挞时，则更重视馅料和水果融合的整体感，所以选用甜味的法式甜挞皮。

基本的挞皮

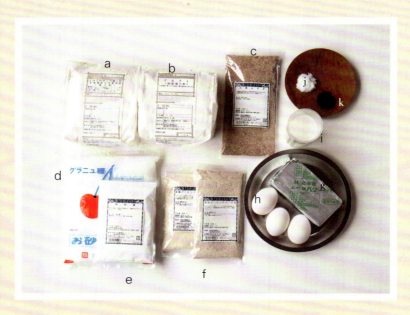

a 高筋面粉：制作法式酥脆挞皮时使用，烤好后酥脆感会更强烈，也可用来当手粉。

b 低筋面粉：法式甜挞皮及法式酥脆挞皮都会用到。

c 麦麸：小麦的外皮部分，也称为"糠"。加入麦麸，口感会更有层次，而且口味会更好。

d 细砂糖：制作法式酥脆挞皮时使用。

e 糖粉：制作法式甜挞皮时使用。颗粒非常细，因此加到奶油中混合时容易融合。

f 杏仁粉（去皮、带皮）：将杏仁制成粉末状。使用带皮杏仁粉，挞皮的香气和风味将十分丰富。

g 无盐黄油：用于不添加食盐的甜挞。

h 鸡蛋：制作面团时，会使用整个的小号鸡蛋（净重约50克）。

i 牛奶：制作法式酥脆挞皮时使用。

j 盐：法式甜挞皮及法式酥脆挞皮都会用到，用来调味。

k 意式浓缩咖啡粉：拌入法式甜挞皮的面团中，就能使挞皮带有咖啡风味。

法式甜挞皮的做法

🥖 材料

🏷 成品质量约760克

- 直径8厘米×高度1.5厘米的无底模具21～22个
- 1个模具装入35克生胚
- 面团能以步骤10的状态冷冻保存

无盐黄油…180克
糖粉…110克
鸡蛋…1个
杏仁粉…26克
带皮杏仁粉…10克
麦麸…55克

低筋面粉…320克
盐…1/2小匙

★如要做成意式浓缩咖啡风味，则加入意式浓缩咖啡粉15克。
★黄油从冰箱拿出晾至室温。
★糖粉过筛。
★混合带皮及去皮的杏仁粉，用孔较大的网筛过筛。
★混合低筋面粉和盐，一同过筛。

🍜 做法

1. 将黄油加入盆中，用木铲充分搅拌。

2. 加入糖粉，充分搅拌到没有颗粒。

3. 将鸡蛋打匀，分次少量加入步骤2中混合。

4. 加入杏仁粉混合。

5. 加入麦麸混合。
★如果要混合意式浓缩咖啡粉，则此时加入。

6. 加入低筋面粉和盐，用刮刀切拌。

7. 同时用手掌按压，将面团和匀。

Point

这里是使用马斯卡彭奶酪（提拉米苏专用的奶酪）容器的盖子，可以轻松将面团轻压成圆形，也可用擀面杖。

8. 将面团分成35克的小剂子。
↓
盖上保鲜膜，轻压压成直径约11厘米的圆形，入冰箱冷藏饧面至少1小时。

9. 将面团放进模具中，紧紧压入底部，并捏好边缘的高度。

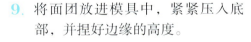

Point

10. 包上保鲜膜，放入冰箱冷冻饧面。可冷冻保存约一个星期。

11. 铺好铝箔纸后放入烘焙镇石，将烤箱预热至170℃，烘烤12～13分钟。

12. 烤至上色后取出，放在冷却架上，去除镇石和铝箔纸后放凉。

如果不好脱膜，可以把脱模刀插进模具与挞皮之间划一圈。

法式酥脆挞皮的做法

- 使用直径22厘米／250克、直径18厘米／180克、直径16厘米／150克的挞模
- 面团能以步骤14的状态冷冻保存

A ⌈ 低筋面粉…120克
   | 高筋面粉…120克
   | 细砂糖…20克
   ⌊ 盐…5克

无盐黄油…140克
鸡蛋…1个
牛奶…25克

★量好A的分量后装进保鲜袋，放入冰箱冷藏一夜。
★将黄油切成小粒，放入冰箱冷藏。

🍳做法

1. 将A过筛，加入盆中。

2. 加入黄油，用刮刀切拌至黄油变成干松的约2～3毫米见方的块。

3. 加入鸡蛋液和牛奶，用刮刀切拌。

4. 同时用手掌按压，将面团和匀。

5. 将面团按想制
作的挞模的大
小分好，每个
和成一团，用
保鲜膜包好。

6. 用擀面杖将面团擀成直径约20厘米
的圆形，此时大小和挞模不一致也
无妨。

7. 用保鲜膜包
好，放入冰
箱冷藏饧面
一晚。

8. 在案板和面团上
撒上手粉（高筋
面粉），然后将
面团轻压成挞
模的大小。

9. 用擀面杖将面团擀得厚薄一致，
从中心往外滚动着擀，就能擀出
厚薄均匀的挞皮。

Point

面团的直径比
挞模外缘的直径大
4~5厘米。

10. 挞皮铺到挞
模上。

11. 挞皮紧贴在挞模底部，并确保边
缘的挞皮紧贴在挞模边缘。

12. 将突出挞模外的挞皮折入内侧，捏好形状。

13. 用叉子叉出通气孔。

14. 用保鲜膜紧紧包好，放入冰箱冷冻饧面，可以冷冻保存约一个星期。

15. 挞皮放在烤盘上，铺好铝箔纸后放入烘焙镇石，放入预热到170℃的烤箱里，烤30～32分钟。视情况调整烘烤的时间。

16. 烤至上色后取出，放在冷却架上，去除铝箔纸和烘焙镇石后放凉。

制作挞派时必不可少的是杏仁黄油馅（杏仁黄油霜）。这种奶油馅填入挞皮中进行烘烤，成为甜挞的基底材料，和只是用来装饰的卡仕达奶油作用不同，甚至还有以杏仁黄油馅为主角的"杏仁挞"。虽然制作时会用等量的杏仁粉、黄油、糖粉和鸡蛋，但是还可以加入其他材料来达到味觉的深度，并将甜度调得更低。比如，将杏仁黄油馅填入挞里时，可将水果、巧克力碎和干果等材料放进两层杏仁黄油馅之间，或将切碎的果干混进杏仁黄油霜里。不同搭配带来不同味道，也是一大乐趣，有时也会混入少许朗姆酒等来增添香气。

a 杏仁粉（去皮、带皮）：将杏仁制成粉状。加入带皮的杏仁粉，可使做出的杏仁黄油馅香气和风味更加丰富。

b 糖粉：颗粒较细，所以加入黄油中混合时容易融合。

c 脱脂牛奶：加入少量就能增添风味，使杏仁的滋味更加突出，也可不加。

d 酸奶油：可使杏仁的风味更加突出，让口感略带清爽。

e 无盐黄油：不含盐的黄油。

f 鸡蛋：使用小号的鸡蛋（净重约50克）。

g 香草荚：用来增添香气。用刀纵向切开香草荚，将里面的香草籽刮出后使用。

🍱 材料　　🔺 成品质量740克

无盐黄油…200克　　鸡蛋…3个

糖粉…150克　　香草荚…1/4条

脱脂牛奶…8克　　杏仁粉…135克

酸奶油…30克　　带皮杏仁粉…65克

★将黄油放至室温中软化。
★混合糖粉和脱脂牛奶，一同过筛。
★将杏仁粉用孔较大的网筛过筛。
★鸡蛋打匀，加入香草籽混合。

🥯 做法

1. 黄油加入盆中，用木铲搅拌至柔滑。

2. 加入糖粉和脱脂牛奶混合。

3. 搅拌到没有颗粒物。

4. 加入酸奶油拌匀。

5. 香草籽和鸡蛋液混匀，分次少量加入盆中，每次都充分拌匀后，再倒下一次，并尽可能不要搅入空气。如果出现水油分离，则加入少量杏仁粉混合，使面团成形。

6. 搅拌好的状态。

7. 加入杏仁粉，充分搅拌。

8. 装入保鲜容器中，紧紧包好保鲜膜，放入冰箱冷藏饧面一晚，可以冷藏保存约一个星期。

FRESH TARTE
新鲜水果挞

铺满新鲜水果的新鲜水果挞，
魅力在于鲜嫩多汁的水果及柔软丝滑的奶油。

综合水果挞

🍰 材料 🔪 直径18厘米的挞模1个

法式酥脆挞皮…180克
（→参见第15～17页）

杏仁黄油馅…100克
（→参见第18～19页）

柳橙皮…20克

君度橙酒…5克

蓝莓、覆盆子…各6～7颗

柳橙…1/2个

葡萄柚…1/4个

粉红肉葡萄柚…1/4个

猕猴桃…1/4个

香蕉…1/2根

葡萄…3～4颗

卡仕达奶油…150克
（→参见第24～25页）

鲜奶油…60克

镜面果胶…10克

水…15克

红酒…少许

★镜面果胶和水加入锅中，用小到
中火加热，搅拌到稍微沸腾后，
加入红酒混合，放凉后使用。

🍴 做法

单烤挞皮（→参见第15～17页）

　　制作直径18厘米的法式酥脆挞皮。用预热至
170℃的烤箱，单烤挞皮30～32分钟。烤成金黄色
后，去除烘焙镇石和铝箔纸，放在冷却架上放凉。

1. 柳橙皮加进杏仁黄油馅中混合，接着将杏
   仁黄油馅填进挞皮。

2. 挞和冷却架一起放入预热至170℃的烤箱里，烘
   烤约40分钟。烤好后取出，立刻在表面涂上君
   度橙酒。放凉后脱模，再晾到完全冷却。

3. 将柳橙、葡萄柚和粉红肉葡萄柚剥掉厚厚一层
   皮，用刀切成瓣状。将猕猴桃切成厚约7毫米
   的1/4圆片状，葡萄剥皮，香蕉切成圆片[图a]。

📝 备注

香蕉如果保持本色，在视觉上会减少食欲，所以店内
的水果挞会先用喷枪将香蕉烤出焦色。如果没有喷枪，直
接使用也没关系。

4. 制作卡仕达奶油。将卡仕达奶油填入装有直
   径6毫米挤花嘴的挤花袋中，从挞中部往外绕
   圈挤满整个表面[图b]，然后抹平[图c]。

5. 再加入打到九分发泡的鲜奶油均匀抹开[图d]。

6. 从外圈开始铺放水果[图e]。渐渐往上叠放，
   让中部更高，铺放到看不见奶油的程度。

7. 涂上镜面果胶[图f]。

卡仕达奶油的做法

将新鲜水果铺放到挞上时，同时也会使用卡仕达奶油。注意口感要滑顺。

材料　　　　　成品质量约380克

鸡蛋黄…2个　　　　　香草荚…1/3条
牛奶…200克　　　　　低筋面粉…18克
细砂糖…30克　　　　　无盐黄油…12克

★低筋面粉过筛备用。

做法

1. 将鸡蛋黄加入盆中，用打蛋器搅拌均匀。

2. 加入细砂糖，充分搅拌变为乳白色。

3. 加入低筋面粉，搅拌到没有颗粒物。

4. 将牛奶和刮出的香草籽及香草荚都加入锅中（书中用的是可加热的铜盆），以大火加热。

5. 加热到快沸腾时熄火，一边过滤，一边慢慢加入步骤3中，充分搅拌以避免结块。

6. 倒入锅中（书中用的是可加热的铜盆）用大火加热，用打蛋器不停搅拌，以免烧焦。

7. 搅拌出黏性后，用橡皮刮刀搅拌。最初质地会变硬，不久后黏性下降，质地会变得柔软。在此之前要持续搅拌，避免烧焦。

8. 熄火，加入黄油搅拌。

9. 倒在铁盘上。

10. 摊平并放凉。

11. 冷却后紧紧包上保鲜膜，放入冰箱冷藏一晚。

12. 使用时用筛子过滤，使质地更加滑润。

📎**备注**

在将卡仕达奶油加到挞里时，先混入少许打发的鲜奶油。这样，口感会更加轻盈，与新鲜水果也更搭。

13. 将打发至九分发泡的鲜奶油加入卡仕达奶油里，轻轻拌匀。

Strawberey

草莓挞

🍰 材料 　🔪 直径22厘米的挞模1个

法式酥脆挞皮…250克
（→参见第15～17页）

杏仁黄油馅…570克
（→参见第18～19页）

覆盆子果酱…50克

新鲜草莓…10颗

新鲜草莓…600克

鲜奶油…100克

防潮糖粉…适量

开心果（切碎）…适量

  ┌ 镜面果胶…10克

  │ 水…15克

  └ 红酒…少许

★镜面果胶和水加入锅中，用小到
中火加热，搅拌到稍微沸腾后，
加入红酒混合，放凉后使用。

🍽 做法

单烤挞皮（→参见第15～17页）

制作直径22厘米的法式酥脆挞皮。烤箱预热至170℃，单烤挞皮32～35分钟。烤成金黄色后，去除烘焙镇石和铝箔纸，放在冷却架上放凉。

1. 在挞中均匀涂上1/3分量的杏仁黄油馅，加入覆盆子果酱和切成5毫米见方的粒状的新鲜草莓（10颗），再填入余下的杏仁黄油馅。

2. 挞和冷却架一起放入预热至170℃的烤箱里，烘烤约40分钟。烤好后取出，放凉后脱模，并静置到完全冷却[图a]。

3. 加入打发至九分发泡的鲜奶油，均匀抹开[图b]。

4. 去除草莓的蒂头，纵切成两半。将草莓放在鲜奶油上，尖头朝外，由外侧往内不留间隙的铺满[图c，图d]。余下的草莓切成1/4大小，填入草莓间的缝隙[图e，图f]。

5. 涂上镜面果胶[图g]。

6. 糖粉撒在边缘的草莓上[图h]，并在最外圈草莓的内侧撒上开心果碎粒[图i]。

草莓&卡仕达挞

🍰 材料 🔪 直径8厘米的无底模具10个

法式甜挞皮…350克
（→参见第13~14页）

杏仁黄油馅…400克
（→参见第18~19页）
覆盆子果酱…50克
草莓…10颗

草莓…150克
鲜奶油…100克
卡仕达奶油…400克
（→参见第24~25页）

🥟 做法

单烤挞皮（→参见第13~14页）
制作直径8厘米的法式甜挞皮。用预热至170℃的烤箱，单烤挞皮12~13分钟。烤成金黄色后，去除烘焙镇石和铝箔纸，放在冷却架上放凉。

1. 在挞中均匀涂上1/3分量的杏仁黄油馅，加入覆盆子果酱和切成5毫米见方的粒状的新鲜草莓（10颗），再填入余下的杏仁黄油馅。

2. 挞和冷却架一起放入预热至170℃的烤箱里，烘烤约32分钟。烤好后取出，放凉之后脱模，晾到完全冷却。

3. 制作卡仕达奶油（→参见第24~25页）。将卡仕达奶油填入装有1厘米挤花嘴的挤花袋中，挤在挞的中心[图a]。

4. 将切成两半的草莓紧贴着卡仕达奶油铺好[图b]。

5. 将打发至九分发泡的鲜奶油，填入装有6毫米挤花嘴的挤花袋中，挤在草莓围成的圈中间[图c]。

6. 放上剩余切半的草莓。

Figs ————
无花果挞

🍰 材料　　🔪 直径22厘米的挞模1个

法式酥脆挞皮…250克
（→参见第15～17页）

杏仁黄油馅…570克
（→参见第18～19页）
无花果果酱…50克

无花果…8～10个
鲜奶油…100克
┌ 镜面果胶…10克
│ 水…15克
└ 红酒…少许

★镜面果胶和水加入锅中，以小到中火加
　热，搅拌到稍微沸腾后，加入红酒混合，
　放凉后使用。

🍥 做法

单烤挞皮（→参见第15～17页）

制作直径22厘米的法式酥脆挞皮。用预热至170℃的
烤箱，单烤挞皮30～32分钟。烤成金黄色后，去除烘
焙镇石和铝箔纸，放在冷却架上放凉。

1. 在挞中均匀涂上1/3分量的杏仁黄油馅，加入无花
　果果酱，再填入余下的杏仁黄油馅。

2. 挞和冷却架一起放入预热至170℃的烤箱里，烘烤
　约40分钟。烤好后取出，放凉后脱模，晾到完全
　冷却。

3. 将打发至九分发泡的鲜奶油加入挞中均匀抹开[图a]。

4. 将无花果切成瓣状薄片，从外圈往内圈铺上去[图
　b，图c]。每一圈都改变铺放的角度，就能排出漂
　亮的花形，而且不容易塌陷。

5. 涂上镜面果胶[图d]。

31

Figs

无花果小挞

🍰 材料 ⚘ 直径8厘米的无底模具10个

法式甜挞皮…350克
（→参见第13～14页）

杏仁黄油馅…450克
（→参见第18～19页）
无花果果酱…100克

无花果…10个
无花果果酱…200克
鲜奶油…100克

🍥 做法

单烤挞皮（→参见第13～14页）

制作直径8厘米的法式甜挞皮。用预热至170℃的烤箱，单烤挞皮12～13分钟。烤成金黄色后，去除烘焙镇石和铝箔纸，放在冷却架上放凉。

1. 在挞中均匀涂上1/3分量的杏仁黄油馅，然后每个挞中都加入10克无花果果酱[图a]，再填入余下的杏仁黄油馅[图b]。

2. 挞和冷却架一起放入预热至170℃的烤箱里，烘烤约32分钟。烤好后取出，放凉后脱模，晾到完全冷却。

3. 将无花果果酱（约20克）盛入挞中，中间堆高[图c]。

4. 将打发至九分发泡的鲜奶油抹到挞上，完全盖住果酱[图d]。

5. 将无花果纵切成薄片后，慢慢铺放到奶油上，每片稍微错开，排成放射状[图e]。

蓝莓挞

🍰 **材料** ▲ 直径16厘米的挞模1个

法式酥脆挞皮…150克
（→参见第15～17页）

杏仁黄油馅…240克
（→参见第18～19页）
蓝莓…20克
蓝莓果酱…20克

蓝莓…2袋（约200克）
鲜奶油…50克

🥣 **做法**

单烤挞皮（→参见第15～17页）
制作直径16厘米的法式酥脆挞皮。用预热
至170℃的烤箱，单烤挞皮30～32分钟。烤
成金黄色后，去除烘焙镇石和铝箔纸，放
在冷却架上放凉。

1. 在挞中均匀涂上1/3分量的杏仁黄油
   馅，加入蓝莓果酱和20克蓝莓，再填入
   余下的杏仁黄油馅。

2. 挞和冷却架一起放入预热至170℃的烤
   箱里，烘烤约32分钟。烤好后取出，放
   凉后脱模，晾到完全冷却。

3. 将打发至九分发泡的鲜奶油加到挞上均
   匀抹开[图a]。

4. 将其余的蓝莓从挞的外侧往内摆放[图
   b，图c]，重叠排放填满缝隙[图d]。

桃子挞

🍰材料　　　🔪直径8厘米的无底模具10个

法式甜挞皮（意式浓缩咖啡风味）…350克
（→参见第13~14页）

杏仁黄油馅…450克
（→参见第18~19页）

黑加仑（冷冻）…100克

覆盆子果酱…80克

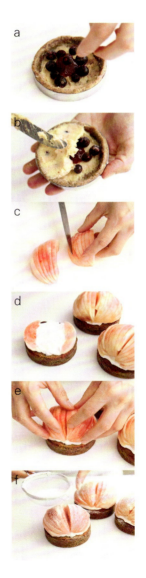

a

b

c

d

e

f

桃子…5个

鲜奶油…100克

粉红胡椒…30颗

开心果…5颗

防潮糖粉…适量

★粉红胡椒和调料中的黑白胡椒等并不是同一物
　种，而是巴西和秘鲁等地出产的漆树科胡椒木的
　干燥浆果，外表红艳有光泽，几乎没有辣味和香
　味，主要作装饰用。

🫕做法

单烤挞皮（→参见第13~14页）

制作直径8厘米的法式甜挞皮（意式浓缩咖啡风味）。用预
热至170℃的烤箱，单烤挞皮12~13分钟。烤成金黄色
后，去除烘焙镇石和铝箔纸，放在冷却架上放凉。

1. 在挞中均匀涂上1/3分量的杏仁黄油馅，加入覆盆子果酱
   和黑加仑[图a]，再填入余下的杏仁黄油馅[图b]。

2. 挞和冷却架一起放入预热至170℃的烤箱里，烘烤约
   32分钟。烤好后取出，放凉后脱模，晾到完全冷却。

3. 将打发至九分发泡的鲜奶油加到挞上均匀抹开。

4. 桃子去皮、核后纵切成两半，再切成瓣状的薄片[图
   c]。1个挞放上半个桃子，先在两端各放1片后，再摆
   上中间的部分，就不容易塌陷[图d，图e]。

5. 整体撒上糖粉[图f]，放上粉红胡椒和切半的开心果。

American Cherry

车厘子挞

🍱 **材料** 🔪 直径16厘米的挞模1个

法式酥脆挞皮…150克
（→参见第15～17页）

杏仁黄油馅…240克
（→参见第18～19页）
黑加仑（冷冻）…30克

车厘子…34～36颗
鲜奶油…50克

★将车厘子去籽[图a]，放在厨房
  纸巾上吸干水分。

🫓 **做法**

单烤挞皮（→参见第15～17页）
制作直径16厘米的法式酥脆挞皮。用预热至
170℃的烤箱，单烤挞皮30～32分钟。烤成金
黄色后，去除烘焙镇石和铝箔纸，放在冷却架
上放凉。

1. 在挞中均匀涂上1/3分量的杏仁黄油馅，加
   入黑加仑，再填入余下的杏仁黄油馅。

2. 挞和冷却架一起放入预热至170℃的烤箱
   里，烘烤约32分钟。烤好后取出，放凉后
   脱模，晾到完全冷却。

3. 将打发至九分发泡的鲜奶油加到挞上均匀
   抹开[图b]。

4. 将车厘子从挞的外侧往内侧铺好[图c]。

西洋梨挞

🍰 材料
🔪 7厘米×22厘米×高2.5厘米的挞模1个

法式酥脆挞皮···200克
（→参见第15～17页）

杏仁黄油馅···230克
（→参见第18～19页）

柠檬皮碎···20克

卡仕达奶油···50克
（→参见第24～25页）

百加得朗姆酒（Bacardi Rum）···5克

西洋梨（也可用普通梨代替，呋道
略有差异）···1～2个

马斯卡彭奶酪···100克

黑胡椒···少许

镜面果胶···10克

水···15克

红酒···少许

★镜面果胶和水加入锅
中，用小到中火加热，搅
拌到稍微沸腾后，加入红
酒混合，放凉后使用。

🍳 做法

单烤挞皮（→参见第15～17页）

制作长方形的法式酥脆挞皮。用预热至170℃的烤箱，
单烤挞皮30～32分钟。烤成金黄色后，去除烘焙镇石和
铝箔纸，放在冷却架上放凉。

1. 制作卡仕达奶油（→参见第24～25页），完成后和柠
   檬皮碎一起加入杏仁黄油馅中混合。

2. 杏仁黄油馅填入挞中。

3. 挞和冷却架一起放入预热至170℃的烤箱，烘烤约
   40分钟。烤好后取出，立刻在表面涂上百加得朗姆
   酒。放凉后脱模，晾到完全冷却。

4. 将西洋梨去皮、核，切成1/4大小，再切薄片[图a]。

5. 将马斯卡彭奶酪加到挞中均匀涂开[图b]。

6. 西洋梨擦干水分，铺放在挞上[图c，图d]。

7. 抹上镜面果胶[图e]，并撒上磨碎的黑胡椒。

Mango & Coconut
芒果&椰子挞

🍰 **材料** ⚖ 直径8厘米的无底模具10个

法式甜挞皮…350克
（→参见第13～14页）

杏仁黄油馅…500克
（→参见第18～19页）
芒果干…30克
粗椰子粉…20克

芒果…2个
柠檬汁…适量
酸奶油…120克
枸杞子…40颗

🍥 **做法**

单烤挞皮（→参见第13～14页）
制作直径8厘米的法式甜挞皮。用预热至170℃的
烤箱，单烤挞皮12～13分钟。烤成金黄色后，去
除烘焙镇石和铝箔纸，放在冷却架上放凉。

1. 芒果干切成5毫米的粒状，和椰子丝一起加入
   杏仁黄油馅中混合[图a，图b]。

2. 将杏仁黄油馅填入挞皮[图c]。

3. 挞和冷却架一起放入预热至170℃的烤箱里，
   烘烤约32分钟。烤好后取出，放凉后脱模，
   晾到完全冷却。

4. 将酸奶油抹在挞上[图d]。

5. 芒果去皮、核，切成5毫米见方的小粒，加上
   柠檬汁轻轻拌匀[图e]。

6. 将步骤5的芒果铺放到酸奶油上，摆成中间高
   的造型[图f]。

7. 每个挞分别放上4颗枸杞子。

43

Chestnut—
栗子挞

🍰 材料　🔪直径22厘米的挞模1个

法式酥脆挞皮…250克
（→参见第15～17页）

杏仁黄油馅…500克
（→参见第18～19页）

黑加仑（冷冻）…60克

美雅士朗姆酒…10克

栗子涩皮煮…1.5个

★栗子放入沸水中浸泡，待水温降至温热
　时，剥去硬壳，保留里面褐色的软皮，
　再入沸水焯水去除软皮的涩味。挑去皮
　上的黑筋，剥去绵状物质，涮干净后，
　取其40%重量的绵白糖。栗子倒锅中，
　加入刚刚淹没栗子的水，快煮沸时改小
　火，分3次加入等量绵白糖，小火煮1小
　时，随时撇去浮沫，冷却后即成。

鲜奶油…100克

开心果（切碎）…适量

防潮糖粉…适量

　*栗子奶油
┌ 栗子酱…300克
│ 无盐黄油…30克
│ 　*回温至室温
│ 鲜奶油…50克
│ 鸡蛋黄…1个
└ 美雅士朗姆酒…1.5小匙

✐备注

　　手工制作栗子奶
油时，将300克栗子涩
皮煮和少量涩皮煮糖
浆，加入搅拌机中打
成糊状。不用过滤，
保留一定的颗粒，口
感更有层次和乐趣。

🍥 做法

单烤挞皮（→参见第15～17页）
制作直径22厘米的法式酥脆挞皮。用预热至170℃
的烤箱，单烤挞皮30～32分钟。烤成金黄色后，
去除烘焙镇石和铝箔纸，放在冷却架上放凉。

1. 在挞中均匀涂上1/3分量的杏仁黄油馅，加入
黑加仑，再填入余下的杏仁黄油馅。

2. 挞和冷却架一起放入预热至170℃的烤箱
里，烘烤约40分钟。烤好后取出，放凉后脱
模，晾到完全冷却。

3. 制作栗子奶油。栗子酱放入盆中。另取一盆
加入奶油，用木铲搅拌至柔滑，加入少许栗
子酱搅拌均匀[图a]，然后倒入栗子酱盆中混
合[图b]，再加入蛋黄、打发至九分发泡的鲜
奶油和美雅士朗姆酒混合。

4. 将打发至九分发泡的鲜奶油加到挞中均匀抹开。

5. 将栗子奶油填入装有6毫米挤花嘴的挤花袋
中，从挞中心处往外绕圈挤上[图c]，约挤出
重叠的3层[图d，图e]。

6. 整体撒上糖粉[图f]，并在边缘撒上开心果碎
粒，在中心处放上切半的栗子涩皮煮。

✐备注

图片中是用干燥的香草荚来装饰的。

Persimmon
柿子挞

🍰 材料 ⛏ 直径22厘米的挞模1个

法式酥脆挞皮…250克
（→参见第15～17页）

杏仁黄油馅…570克
（→参见第18～19页）

蔓越莓干…30克

覆盆子果酱…30克

百加得朗姆酒
（Bacardi Rum）…10克

脆柿（又叫水柿、饼柿，
要无核的）…4～5个

鲜奶油…100克

粉红胡椒（说明见第37页）…适量

迷迭香…酌量

┌ 镜面果胶…10克
│ 水…15克
└ 红酒…少许

★镜面果胶和水加入锅中，用小到中
火加热，搅拌到稍微沸腾后，加入
红酒混合，放凉后使用。

🍳 做法

单烤挞皮（→参见第15～17页）
制作直径22厘米的法式酥脆挞皮。用预热至
170℃的烤箱，单烤挞皮30～32分钟。烤成
金黄色后，去除烘焙镇石和铝箔纸，放在
冷却架上放凉。

1. 在挞中均匀涂上1/3分量的杏仁黄油馅，
加入覆盆子果酱和切碎的蔓越莓干，再
填入余下的杏仁黄油馅。

2. 挞和冷却架一起放入预热至170℃的烤
箱里，烘烤约40分钟。烤好后取出，立
刻在表面涂上百加得朗姆酒。放凉后脱
模，晾到完全冷却。

3. 将柿子纵切成4份，再切成厚约5毫米的
片[图a]。

4. 将打发至九分发泡的鲜奶油加到挞上均
匀抹开。

5. 将柿子从外侧往内摆放[图b]。一圈顺时针
放，一圈逆时针摆放。中间先铺入小块的柿
子，做出高度后就能叠得很漂亮[图c，图d]。

6. 涂上镜面果胶[图e]。

7. 放上粉红胡椒和迷迭香装饰。

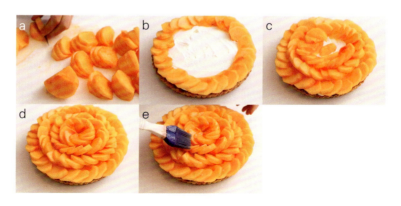

BAKED TARTE
烘烤水果挞

铺放上水果、奶酪和巧克力等材料再烘烤而成。
食材与挞皮融为一体，口感更丰富。

苹果挞

🍰 材料　　🔪直径18厘米的挞模1个

法式酥脆挞皮…180克
（→参见第15～17页）

杏仁黄油馅…360克
（→参见第18～19页）

蓝莓果酱…40克

中等大小红玉苹果…3个
融化的无盐黄油…适量
鸡蛋液…1/2个
粗红糖（Cassonade）、香草糖、肉
　桂粉、丁香粉、黑胡椒…各适量
⎡ 镜面果胶…10克
⎢ 水…15克
⎣ 红酒…少许

★镜面果胶和水加入锅中，用小到中火
加热，搅拌到稍微沸腾后，加入红酒
混合，放凉后使用。

📎 备注

　　香草糖可以自己手工制作。将使用过的香草荚洗净晾干，放入细砂糖中搁置一段时间。等香气转移到砂糖中，再将香草荚及细砂糖放入搅拌机中打碎即成。

🍵 做法

单烤挞皮（→参见第15～17页）
制作直径18厘米的法式酥脆挞皮。用预热至170℃的烤箱，单烤挞皮30～32分钟。烤成金黄色后，去除烘焙镇石和铝箔纸，放在冷却架上放凉。

1. 在挞中均匀涂上1/3分量的杏仁黄油馅，加入蓝莓果酱，再填入余下的杏仁黄油馅[图a]。

2. 苹果去皮、核后纵切为两半，大部分切成薄片，少部分切小块[图b]。

3. 将小块苹果放入挞的中部，四周放上重叠的苹果薄片[图c]。苹果片一共排3层，中间堆高[图d]。

4. 用刷子刷上融化的黄油，放入冰箱冷藏30分钟。

5. 用刷子刷上鸡蛋液，依次撒上粗红糖、香草糖、肉桂粉、丁香粉、磨碎的黑胡椒[图e，图f]。

6. 挞和冷却架一起放入预热至190℃的烤箱里，烘烤50分钟。将温度调降至170℃，再烤40分钟。烤好后取出，放凉后脱模。

7. 涂上镜面果胶。

苹果&美式奶酥挞

🍰**材料** 🔪直径8厘米的无底模具10个

法式甜挞皮…350克
（→参见第13～14页）

杏仁黄油馅…350克
（→参见第18～19页）

小的红玉苹果…2个

无核小葡萄干…50克

无盐奶油…10克

肉桂粉…少许

白兰地…1.5小匙

柠檬汁…少许

粉红胡椒（说明见第37页）、薄荷…各适量

防潮糖粉…适量

*奶酥（→参见第54页）

低筋面粉…50克

杏仁粉…40克

带皮杏仁粉…10克

燕麦片…35克

黑糖…35克

糖粉…35克

无盐黄油…50克

综合香料（肉桂粉2小匙、姜粉1/3小匙、豆蔻粉1/3小匙、丁香粉少许）…1大匙

🥞**做法**

单烤挞皮（→参见第13～14页）
制作直径8厘米的法式甜挞皮。用预热至170℃的烤箱，单烤挞皮12～13分钟。烤成金黄色后，去除烘焙镇石和铝箔纸，放在冷却架上放凉。

1. 制作香料奶酥（→参见第54页）。

2. 苹果去皮、核，切片。平底锅用大火烧热，加黄油烧融，加入苹果翻炒，再加入无核小葡萄干，轻轻炒匀[图a]。加入肉桂粉，炒至水分收干[图b]，淋入白兰地和柠檬汁拌匀后，放入铁盘放凉成苹果馅。

3. 在挞中均匀涂上1/3分量的杏仁黄油馅，每个挞约加入30克苹果馅，再填入余下的杏仁黄油馅[图c]。

4. 上面再加入苹果馅和奶酥。

5. 挞和冷却架一起放入预热至170℃的烤箱里，烘烤30～35分钟。烤好后取出，放凉后脱模。

6. 在边缘处撒上糖粉，用粉红胡椒和薄荷装饰[图d]。

美式奶酥的做法

所谓美式奶酥（Crumble），字面上是"碎粒状"的意思。美式奶酥可以享受到酥脆浓郁的口感，和水果挞也极为相配。

材料　　　　　成品质量255克

低筋面粉…50克　　黑糖…35克
杏仁粉…40克　　　糖粉…35克
带皮杏仁粉…10克　无盐黄油…50克
燕麦片…35克

做法

1. 低筋面粉、杏仁粉、黑糖和糖粉过筛。如加抹茶粉和香料，也在此时一起过筛。

2. 将黄油在室温中软化，用刮刀切拌混匀。

3. 加入燕麦片，用刮刀混合均匀。

4. 先用手掌按压，再握在手中揉碎。

5. 做成干松的颗粒。

6. 装进冷冻用保鲜袋，可冷冻保存约一个星期。要尽量挤出空气再封口。

蛋奶液的做法

蛋奶液是指混合了粉类、牛奶与鸡蛋等材料的液态面糊。能取代杏仁黄油馅盛入挞中与水果一同烘烤。本书中的车厘子克拉芙缇挞（第57页）与香蕉＆椰子挞（第64页）都使用了蛋奶液。

🍰 材料　　　　　　　🔪 成品质量470克

鸡蛋⋯3个　　　　　　　酸奶油⋯100克
细砂糖⋯112克　　　　　牛奶⋯100克
低筋面粉⋯11克　　　　　香草荚⋯1/2条
高筋面粉⋯3克

★低筋面粉和高筋面粉先过筛。

🥟 做法

1. 将鸡蛋打匀，加入细砂糖搅拌。

2. 加入过筛的低筋面粉及高筋面粉。

3. 牛奶和酸奶油加入锅中，将香草籽刮入锅中，刮完的香草荚也加入，小火加热。

4. 快要沸腾时熄火，缓缓加入步骤2中，加入时要不停搅拌。

5. 充分搅拌，过滤即可使用。

American Cherry
车厘子克拉芙缇挞

🍰 材料 🔪 直径18厘米的挞模1个

法式酥脆挞皮…180克
（→参见第15～17页）

杏仁黄油馅…100克
（→参见第18～19页）

*蛋奶液（→参见第55页）

  鸡蛋…1.5个
  细砂糖…56克
  低筋面粉…6克
  高筋面粉…2克
  酸奶油…50克
  牛奶…50克
  香草荚…1/4根
  君度橙酒…5克

车厘子（加州樱桃）…28～30个

🫓 做法

单烤挞皮（→参见第15～17页）
制作直径18厘米的法式酥脆挞皮。用预热至170℃的烤箱，单烤挞皮30～32分钟。烤成金黄色后，去除烘焙镇石和铝箔纸，放在冷却架上放凉。

1. 在挞中均匀涂上杏仁黄油馅，挞和冷却架一起放入预热至170℃的烤箱里，烘烤约32分钟。烤好后取出，放凉后脱模。

2. 制作蛋奶液（→参见第55页，过滤之前加入君度橙酒）。

3. 车厘子由外侧往内侧摆放好[图a]，再倒入蛋奶液[图b，图c]。

4. 将挞放入预热至170℃的烤箱里，在烘烤过程中随时补足蛋奶液[图d]，烘烤30～32分钟[图e]。烤好后取出，放凉后脱模。

Iyokan & Mint
蜜柑&薄荷挞

🍰 **材料**   🥄 直径8厘米的无底模具10个

法式甜挞皮（意式浓缩咖啡风味）…350克
（→参见第13～14页）

杏仁黄油馅…350克
（→参见第18～19页）

薄荷…30片

柠檬皮碎…70克

白巧克力粒…120克

伊予蜜柑（也可用普通蜜柑代替）…3～4个
★伊予蜜柑是日本引进的品种，皮厚汁多，酸
  甜均匀，要剥掉厚皮，用刀切成瓣状[图a]。

开心果…5个

开心果（切碎）…适量

防潮糖粉…适量

🍥 **做法**

单烤挞皮（→参见第13～14页）
制作直径8厘米的法式甜挞皮（意式咖啡风味）。
用预热至170℃的烤箱，单烤挞皮12～13分钟。
烤成金黄色后，去除烘焙镇石和铝箔纸，放在冷
却架上放凉。

1. 薄荷切末，加入杏仁黄油馅中混合。

2. 在挞中均匀涂上1/3分量的杏仁黄油馅，加入
   柠檬皮碎、白巧克力粒[图b]，再填入余下的
   杏仁黄油馅[图c]。

3. 每个挞放上约4瓣伊予蜜柑[图d]。

4. 挞和冷却架一起放入预热至170℃的烤箱里，
   烘烤33分钟。烤好后取出，放凉后脱模。

5. 将糖粉与开心果碎撒在边缘[图e]，中心放上
   切半的开心果[图f]。

Strawberry & Crumble
草莓&美式奶酥挞

🍰 材料　🔪 直径8厘米的无底模具10个

法式甜挞皮…350克
（→参见第13～14页）

杏仁黄油馅450克
（→参见第18～19页）

小草莓…60颗

覆盆子果酱…30克

防潮糖粉…适量

迷迭香…少许

*美式奶酥（→参见第54页）

> 低筋面粉…50克
> 杏仁粉…40克
> 带皮杏仁粉…10克
> 燕麦片…35克
> 黑糖…35克
> 糖粉…35克
> 无盐黄油…50克

🍥 做法

单烤挞皮（→参见第13～14页）

制作直径8厘米的法式甜挞皮。用预热至170℃的烤箱，单烤挞皮12～13分钟。烤成金黄色后，去除烘焙镇石和铝箔纸，放在冷却架上放凉。

1. 制作美式奶酥（→参见第54页）。
2. 在挞中均匀涂上1/3分量的杏仁黄油馅，加入覆盆子果酱[图a]。20颗草莓切成5毫米见方的粒，每个挞加入2颗草莓粒[图b]，再填入余下的杏仁黄油馅[图c]。
3. 余下的草莓对半切，挞中加入草莓[图d]和美式奶酥[图e]。
4. 挞和冷却架一起放入预热至170℃的烤箱里，烘烤约32分钟。烤好后取出，放凉后脱模。
5. 将糖粉撒在边缘，中间放上迷迭香装饰。

柠檬挞

Lemon

直径18厘米的挞模1个

🍰材料

法式酥脆挞皮…180克
（→参见第15~17页）

杏仁黄油馅…100克
（→参见第18~19页）

*柠檬黄油
┌ 鸡蛋…1个
│ 蛋黄…2个
│ 细砂糖…95克
│ 柠檬汁…50克
│ 柠檬皮碎…少许
└ 无盐黄油…20克

*意式蛋白霜
┌ 蛋清…40克
│ 细砂糖…75克
└ 水…20克

防潮糖粉…适量

开心果（切碎）…适量

🍽做法

单烤挞皮（→参见第15~17页）
制作直径18厘米的法式酥脆挞皮。用预热至170℃的烤箱，单烤挞皮30~32分钟。烤成金黄色后，去除烘焙镇石和铝箔纸，放在冷却架上放凉。

1. 在挞中均匀涂上杏仁黄油馅，挞和冷却架一起放入预热至170℃的烤箱里，烘烤约40分钟。烤好后取出，放凉后脱模。

2. 制作柠檬黄油。将柠檬黄油的材料都加入锅中，用打蛋器搅拌，大火加热并充分搅拌，待色泽转浓就熄火。

3. 将柠檬黄油倒入挞中[图a]，放入冰箱冷藏4~5小时。

4. 制作意式蛋白霜，将蛋清加入盆中打发[图b]。

5. 将细砂糖和水加入小锅中，大火加热至110℃时，将打发的蛋清一点一点地加入锅中拌匀。

6. 放凉后填入装有星型挤花嘴的挤花袋中，在挞的边缘挤上一圈[图c]。

┌─ 🖉备注 ─────────────┐
  制作时也可以用喷枪将蛋白霜烤出焦色[图d]。
└──────────────────┘

7. 在蛋白霜外侧边缘撒上防潮糖粉[图e]，并撒上开心果碎粒。

香蕉＆椰子挞　　　　　　　　巧克力挞

Banana & Coconut
香蕉&椰子挞

🍰**材料** 🍫直径8厘米的无底模具10个

法式甜挞皮…500克
（→参见第13～14页）

杏仁黄油馅…100克
（→参见第18～19页）

*蛋奶液（→参见第55页）

┌ 鸡蛋…1个
│ 细砂糖…37克
│ 低筋面粉…4克
│ 高筋面粉…1克
│ 酸奶油…33克
│ 牛奶…33克
│ 浸泡香蕉的朗姆酒液…30克
└ 粗椰子粉…20克

┌ 香蕉…5～6根
│ 细砂糖…24克
│ 柠檬汁…24克
└ 白朗姆酒（或百加得朗姆酒）…24克

┌ 葡萄干…30克
└ 白朗姆酒（或百加得朗姆酒）…适量

细椰子丝…20克

黑胡椒…适量

防潮糖粉…适量

开心果（切碎）…适量

🍽**做法**

单烤挞皮（→参见第13～14页）
制作直径8厘米的法式甜挞皮。用预热至170℃的烤箱，单烤挞皮12～13分钟。烤成金黄色后，去除烘焙镇石和铝箔纸，放在冷却架上放凉。

1. 柠檬汁24克和白朗姆酒24克倒入盆中，加入细砂糖搅拌至溶化，加入切成圆片的香蕉进行腌渍。另用适量白朗姆酒腌渍葡萄干。两者最好都静置一晚。

2. 制作蛋奶液（→参见第55页），加入步骤1的浸泡液与粗椰子粉进行混合[图a]。

3. 在挞中均匀涂上杏仁黄油馅，每个挞放入4片香蕉[图b]。空隙处放上腌好的葡萄干[图c]。

4. 加入蛋奶液[图d]，中间也放上1片香蕉[图e]，放上细椰子丝，并撒上磨碎的黑胡椒[图f]。

5. 挞和冷却架一起放入预热至170℃的烤箱里，烘烤约32分钟。烤好后取出，放凉后脱模。

6. 在边缘撒上糖粉和开心果。

巧克力挞

🍬材料 🔪直径8厘米的无底模具6个

法式甜挞皮…210克
（→参见第13～14页）

杏仁黄油馅…60克
（→参见第18～19页）
柳橙皮碎…24克
柳橙…1～2个
★将柳橙剥去厚皮，用刀切出瓣状。

*巧克力甘纳许酱（Ganache，是巧克力与新鲜奶油混合制成的物体，通常作为糕点或巧克力类的夹馅）

- 巧克力…85克
- 鲜奶油…65克
- 牛奶…20克
- 黄油…17克
- 柑曼怡香甜酒（Grand Marnier，也叫金万利酒）…13克

覆盆子片（冷冻干燥）…少许

🍳做法

单烤挞皮（→参见第13～14页）

制作直径8厘米的法式甜挞皮。用预热至170℃的烤箱，单烤挞皮12～13分钟。烤成金黄色后，去除烘焙镇石和铝箔纸，放在冷却架上放凉。

1. 在挞中均匀涂上杏仁黄油馅，加入柳橙皮碎和2瓣柳橙[图a]。

2. 挞和冷却架一起放入预热至170℃的烤箱里，烘烤约20分钟。烤好后取出，放凉后脱模。

3. 制作巧克力甘纳许酱。将巧克力加入盆中，隔水加热至融化。另取锅加入鲜奶油、牛奶和黄油小火搅拌，然后一点一点地倒入巧克力中，每次倒都要充分搅拌均匀[图b]。

4. 加入柑曼怡香甜酒，以增添香气[图c]。

5. 将巧克力甘纳许酱倒入挞中[图d]。

6. 放进冰箱冷藏4～5小时至凝固，在中间放上覆盆子片装饰。

Figs & Rhubarb Jam ——
无花果&大黄酱挞

🍰材料 ◣ 直径8厘米的无底模具10个

法式甜挞皮…350克
（→参见第13～14页）

杏仁黄油馅…450克
（→参见第18～19页）
大黄果酱（rhubarb，非国内的黄酱，
　可用其他果酱代替）…40克

无花果…7～8个

百里香…适量

🍩做法

单烤挞皮（→参见第13～14页）
制作直径8厘米的法式甜挞皮。用预热至170℃的
烤箱，单烤挞皮12～13分钟。烤成金黄色后，去
除烘焙镇石和铝箔纸，放在冷却架上放凉。

1. 在挞中均匀涂上1/3分量的杏仁黄油馅，加入大
　黄果酱[图a]，再填入余下的杏仁黄油馅[图b]。
2. 将无花果纵切成薄片[图c]，排放在挞上[图d]。
3. 挞和冷却架一起放入预热至170℃的烤箱里，
　烘烤约32分钟。烤好后取出，放凉后脱模。
4. 用百里香装饰。

a

b

c

d

Orange & Nuts
柳橙&坚果挞

🍰 材料　　🔪 直径8厘米的无底模具10个

法式甜挞皮…350克
（→参见第13～14页）

杏仁黄油馅…350克
（→参见第18～19页）

柳橙皮碎…80克

巧克力粒…120克

核桃…50克

柳橙…3～4个
★将柳橙剥去厚皮，用刀切成瓣状[图a]。

核桃仁…少许

防潮糖粉…适量

粉红胡椒（说明见第37页）、薄荷…各适量

✏️备注
核桃仁先烤过会更香，均匀放在烤盘上，不要重叠，用预热至160℃的烤箱，烤10～12分钟。途中不时搅拌，根据烤的程度调整时间，以免烤焦。

🍳 做法

单烤挞皮（→参见第13～14页）
制作直径8厘米的法式甜挞皮。用预热至170℃的烤箱，单烤挞皮12～13分钟。烤成金黄色后，去除烘焙镇石和铝箔纸，放在冷却架上放凉。

1. 在挞中均匀涂上1/3分量的杏仁黄油馅，加入柳橙皮碎和巧克力粒[图b]，加入切成小粒的核桃（留少许）[图c]，再填入余下的杏仁黄油馅[图d]。

2. 将余下的核桃粒压入边缘[图e]，并放上5～6瓣柳橙[图f]。

3. 挞和冷却架一起放入预热至170℃的烤箱里，烘烤33分钟。烤好后取出，放凉后脱模。

4. 在边缘撒上糖粉，放上粉红胡椒和薄荷装饰。

Walnut

核桃挞

🔖 **材料**　📐 直径18厘米的挞模1个

法式酥脆挞皮…18克
（→参见第15～17页）

核桃…120克
鲜奶油…100克
红糖…50克
粗椰子粉…10克
蛋黄…1个
白兰地…8克

镜面果胶…10克
水…15克
巧克力糖浆…2克

★镜面果胶和水加入锅中，用小到中火加热，搅拌到稍微沸腾后，加入红酒混合，放凉后使用。

🖊 **备注**

核桃仁先烤过会更香，均匀放在烤盘上，不要重叠，用预热至160℃的烤箱，烤10～12分钟。途中不时搅拌，根据烤的程度调整时间，以免烤焦。

🍥 做法

单烤挞皮（→参见第15～17页）

制作直径18厘米的法式酥脆挞皮。用预热至170℃的烤箱，单烤挞皮30～32分钟。烤成金黄色后，去除烘焙镇石和铝箔纸，放在冷却架上放凉。

1. 鲜奶油和红糖加入锅中（书中使用的是可直接加热的铜锅），用极小火加热，搅拌至变黏稠[图a，图b]。

2. 依次加入粗椰子粉、蛋黄和白兰地，每次加入都要搅拌，拌匀后熄火。

3. 核桃铺入挞中，再倒入步骤2[图c]。

4. 挞和冷却架一起放入预热至170℃的烤箱里，烘烤约25分钟。烤好后取出，放凉后脱模。

5. 涂抹镜面果胶[图d]。

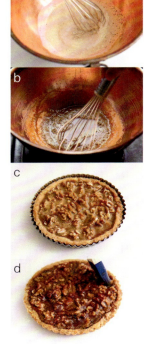

Strawberry & Matcha Crumble

草莓&抹茶奶酥挞

🍰 **材料** 🔪 直径8厘米的无底模具10个

法式甜挞皮…350克
（→参见第13~14页）
杏仁黄油馅…450克
（→参见第18~19页）
草莓…20颗
甘纳豆…30克（不是用黄豆的发
酵的黏黏的食物，而是由熟的红
豆、黄豆、花生、栗子、黑豆、
芸豆、莲子等用砂糖蜜饯而制成
的，不需发酵。甘纳豆可以单
吃，也可以放在糕点里）
白巧克力粒…20克
草莓…35~40颗

*抹茶奶酥（→参见第54页）
┌ 低筋面粉…50克
│ 杏仁粉…40克
│ 带皮杏仁粉…10克
│ 燕麦片…35克
│ 黑糖…35克
│ 糖粉…35克
│ 无盐黄油…50克
└ 抹茶…1大匙

🥟 **做法**

单烤挞皮（→参见第13~14页）
制作直径8厘米的法式甜挞皮。用预热至170℃的烤
箱，单烤挞皮12~13分钟。烤成金黄色后，去除烘
焙镇石和铝箔纸，放在冷却架上放凉。

1. 制作抹茶奶酥（→参见第54页）。
2. 在挞中均匀涂上1/3分量的杏仁黄油馅，加入甘
   纳豆和白巧克力粒[图a]，20颗草莓切成5毫米见
   方的小块，每个挞加入2颗草莓粒[图b]，再填入
   余下的杏仁黄油馅[图c]。
3. 依次放上切成两半的草莓[图d]和抹茶奶酥[图e]。
4. 挞和冷却架一起放入预热至170℃的烤箱里，烘
   烤约32分钟。烤好后取出，放凉后脱模。

Cheese ——
奶酪挞

🍰材料 🔪 直径18厘米的挞模1个

法式酥脆挞皮…180克
（→参见第15～17页）

奶油奶酪…200克
牛奶…15克
鲜奶油…15克
香草荚…1/4根
蛋黄…1.5个
低筋面粉…5克
玉米粉…5克
柠檬汁…2小匙
蛋清…1.5个
细砂糖…25克

🍥做法

单烤挞皮（→参见第15～17页）

制作直径18厘米的法式酥脆挞皮。用预热至170℃的烤箱，单烤挞皮30～32分钟。烤成金黄色后，去除烘焙镇石和铝箔纸，放在冷却架上放凉。

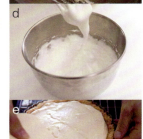

1. 奶油奶酪加入盆中，隔水加热到变软[图a]。
2. 另取一盆，加入牛奶和鲜奶油，以及从香草荚中刮出的香草籽，搅拌均匀，然后一点一点加入步骤1中混合[图b，图c]。
3. 加入蛋黄液混合。
4. 筛入低筋面粉和玉米粉。
5. 加入柠檬汁。
6. 制作蛋白霜。将蛋清和细砂糖加入另一个盆中打发[图d]。
7. 将蛋白霜分2次加入步骤5中混合。
8. 混匀后加入挞中，用刮刀刮平[图e]。
9. 挞和冷却架一起放入预热至170℃的烤箱里，烘烤约32分钟。烤好后[图f]先放凉，等挞定型且变凉后再脱模。

Prune & Cream Cheese—
蜜枣&奶油奶酪挞

🍰 材料　　　　　　　🔪 直径8厘米的挞模10个

法式甜挞皮…350克
（→参见第13～14页）

杏仁黄油馅…400克
（→参见第18～19页）

奶油奶酪…100克

*红酒煮蜜枣
┌ 蜜枣块…150克
│ 红酒…100克
└ 肉桂棒…1根

*香料奶酥（→参见第54页）
┌ 低筋面粉…50克
│ 杏仁粉…40克
│ 带皮杏仁粉…10克
│ 燕麦片…35克
│ 黑糖…35克
│ 糖粉…35克
│ 无盐黄油…50克
│ 综合香料…约1大匙
└ （肉桂粉2小匙、姜粉1/3小匙、
　　豆蔻粉1/3小匙、丁香粉少许）

防潮糖粉…适量

🍵 做法

单烤挞皮（→参见第13～14页）
制作直径8厘米的法式甜挞皮。用预热至170℃的烤箱，单烤挞皮12～13分钟。烤成金黄色后，去除烘焙镇石和铝箔纸，放在冷却架上放凉。

1. 制作香料奶酥（→参见第54页）。
2. 将蜜枣块、红酒及肉桂棒放入锅中，煮至沸腾后转小火，约煮20分钟。
3. 在挞中均匀涂上1/3分量的杏仁黄油馅，加入红酒煮蜜枣块（每个挞约5块），加入边长3～4厘米的奶油奶酪薄片[图a]，再填入余下的杏仁黄油馅[图b，图c]。

4. 挞上再加入4块蜜枣[图d]和香料奶酥[图e]。如果蜜枣鼓出到外面，烘烤后会变硬，所以要用奶酥把蜜枣完全盖住。
5. 挞和冷却架一起放入预热至170℃的烤箱里，烘烤约32分钟。烤好后取出，放凉后脱模。
6. 在边缘撒上糖粉。

Blueberry & Crumble

蓝莓&美式奶酥挞

🍰 材料　　　　🔺 直径8厘米的挞模10个

法式甜挞皮（意式浓缩咖啡风味）…350克
（→参见第13～14页）

杏仁黄油馅…450克
（→参见第18～19页）

蓝莓…60～70克

蓝莓果酱…50克

蓝莓…120～130克

*香料奶酥（→参见第54页）

- 低筋面粉…50克
  杏仁粉…40克
  带皮杏仁粉…10克
  燕麦片…35克
  黑糖…35克
  糖粉…35克
  无盐黄油…50克
  综合香料…约1大匙
  （肉桂粉2小匙、姜粉1/3小匙、豆蔻粉1/3小匙、
  丁香粉少许）

🍥 做法

单烤挞皮（→参见第13～14页）
制作直径8厘米的法式甜挞皮（意式浓缩咖啡风味）。用预热至170℃的烤箱，单烤挞皮12～13分钟。烤成金黄色后，去除烘焙镇石和铝箔纸，放在冷却架上放凉。

1. 制作香料奶酥（→参见第54页）。

2. 在挞中均匀涂上1/3分量的杏仁黄油馅，加入蓝莓果酱，每个挞加入6～7颗蓝莓[图a]，再填入余下的杏仁黄油馅[图b，图c]。

3. 上面再放上12～13颗蓝莓与香料奶酥[图d]。

4. 挞和冷却架一起放入预热至170℃的烤箱里，烘烤约32分钟。烤好后取出，放凉后脱模。

Pear & Cassis _____

西洋梨&黑加仑挞

🍰材料
🔺直径18厘米的挞模1个

法式酥脆挞皮…180克
（→参见第15～17页）

杏仁黄油馅…360克
（→参见第18～19页）

黑加仑（冷冻）…20克

[西洋梨（罐头）…7～8个，切半
  麦斯朗姆酒…10克

麦斯朗姆酒…5克

[镜面果胶…10克
  水…15克
  红酒…少许

★镜面果胶和水加入锅中，用小到中火加热，搅拌到稍微沸腾后，加入红酒混合，放凉后使用。

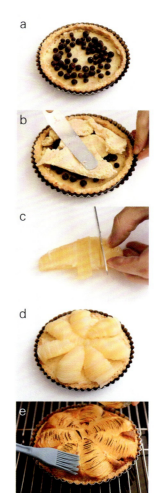

a

b

c

d

e

🍳做法

单烤挞皮（→参见第15～17页）

制作直径18厘米的法式酥脆挞皮。用预热至170℃的烤箱，单烤挞皮30～32分钟。烤成金黄色后，去除烘焙镇石和铝箔纸，放在冷却架上放凉。

1. 西洋梨擦干，浸入10克麦斯朗姆酒中，静置一晚。

2. 在挞中均匀涂上1/3分量的杏仁黄油馅，加入黑加仑[图a]，再填入余下的杏仁黄油馅[图b]。

3. 西洋梨再次擦干，切成厚2～3毫米的片[图c]，在挞上铺成如[图d]所示的样子。

4. 挞和冷却架一起放入预热至170℃的烤箱里，烘烤40～45分钟。烤好后取出，立刻在表面刷上麦斯朗姆酒[图e]，放凉后脱模。

5. 涂上镜面果胶。

📝备注

　　如果有喷枪，尝试将西洋梨烤出焦色，成品会更令人垂涎欲滴。烤西洋梨的诀窍是要对准正中部，将中间部分烤焦。

Rhubarb & Crumble
大黄果酱&美式奶酥挞

🍰 材料　　🔪直径8厘米的无底模具10个

法式甜挞皮（意式浓缩咖啡风味）…350克
（→参见第13～14页）

杏仁黄油馅…500克
（→参见第18～19页）

大黄果酱…100克

┌ 大黄…2根（300克）
└ 细砂糖…150克

★将大黄切成约3厘米长段，抹满细砂糖腌渍一晚，可消除涩味。使用时要先擦干外表水分。

*香料奶酥（→参见第54页）

┌ 低筋面粉…50克
│ 杏仁粉…40克
│ 带皮杏仁粉…10克
│ 燕麦片…35克
│ 黑糖…35克
│ 糖粉…35克
│ 无盐黄油…50克
│ 综合香料…约1大匙
│ （肉桂粉2小匙、姜粉1/3小匙、豆蔻粉1/3小
└ 　匙、丁香粉少许）

🍽 做法

单烤挞皮（→参见第13～14页）
制作直径8厘米的法式甜挞皮。用预热至170℃的烤箱，单烤挞皮12～13分钟。烤成金黄色后，去除烘焙镇石和铝箔纸，放在冷却架上放凉。

1. 制作香料奶酥（→参见第54页）。

2. 在挞中均匀涂抹1/2分量的杏仁黄油馅，加入大黄果酱和腌渍擦干的大黄[图a]，再填入余下的杏仁黄油馅[图b]。

3. 再加入剩余的大黄[图c]与香料奶酥[图d]。

4. 将挞和冷却架一起放入预热至170℃的烤箱里，烘烤约32分钟。烤好后取出，放凉后脱模。

Apricot &Walnut

杏子&核桃挞

🍰 材料　　　🔪 直径16厘米的挞模1个

法式酥脆挞皮…150克
（→参见第15～17页）

杏仁黄油馅…240克
（→参见第18～19页）

杏干…30克

核桃仁…30克

- 杏（罐头）…切半，12个
- 安摩拉多（Amaretto，意大利苦杏酒）…10克
- 镜面果胶…10克
- 水…15克
- 红酒…少许

★镜面果胶和水加入锅中，用小到中火加热，搅拌到稍微沸腾后，加入红酒混合，放凉后使用。

> ✒ **备注**
>
> 　核桃仁先烤过会更香，均匀放在烤盘上，不要重叠，用预热至160℃的烤箱，烤10～12分钟。途中不时搅拌，根据烤的程度调整时间，以免烤焦。

🍩 做法

单烤挞皮（→参见第15～17页）
制作直径16厘米的法式酥脆挞皮。用预热至170℃的烤箱，单烤挞皮30～32分钟。烤成金黄色后，去除烘焙镇石和铝箔纸，放在冷却架上放凉。

1. 杏擦干后浸入安摩拉多中，静置一晚。

2. 在挞中均匀涂上1/3分量的杏仁黄油馅[图a]，加入切成5毫米见方小粒的杏干及小块核桃仁[图b]，再填入余下的杏仁黄油馅[图c]。

3. 从外侧往内铺放切成瓣状的杏[图d，图e]。

4. 挞和冷却架一起放入预热至170℃的烤箱里，烘烤45分钟。烤好后取出，放凉后脱模。

5. 涂上镜面果胶[图f]。

87

南瓜挞

🍰材料
🔪直径18厘米的挞模1个

法式酥脆挞皮…180克	红糖…18克
（→参见第15～17页）	鲜奶油…30克
	低筋面粉…7克
杏仁黄油馅…100克	玉米粉…7克
（→参见第18～19页）	肉桂粉…1/8小匙
南瓜（带皮）…100克	姜粉…1/8小匙
麦斯朗姆酒…5克	麦斯朗姆酒…1小匙
	融化的无盐黄油…10克
南瓜（去皮）…净重100克	南瓜子仁…适量
鸡蛋…1/2个	

🍥做法

单烤挞皮（→参见第15～17页）

制作直径18厘米的法式酥脆挞皮。用预热至170℃的烤箱，单烤挞皮30～32分钟。烤成金黄色后，去除烘焙镇石和铝箔纸，放在冷却架上放凉。

1. 带皮南瓜连皮切成厚约3毫米的一口大小的块，去皮南瓜切成适当大小的块，两者一起蒸熟后，将去皮南瓜压成糊状。

2. 在挞中均匀涂上1/3分量的杏仁黄油馅，铺放去皮南瓜块[图a]，再填入余下的杏仁黄油馅，将缝隙填满[图b]。

3. 挞和冷却架一起放入预热至170℃的烤箱里，烘烤约30分钟。烤好后取出，立刻在表面涂上麦斯朗姆酒。

4. 将鸡蛋打匀，加入红糖混合。

5. 南瓜糊加入盆中，将步骤4一点一点慢慢加入盆中，同时一直搅拌[图c]。

6. 加入鲜奶油混合[图d]，接着加入低筋面粉、玉米粉、肉桂粉、姜粉、麦斯朗姆酒和融化的无盐黄油，混合搅拌[图e]。

7. 搅匀后加入挞中均匀抹平[图f]。

8. 挞和冷却架一起放入预热至170℃的烤箱里，烘烤约40分钟。烤好后取出，放凉后脱模。

9. 用南瓜子仁来装饰。

Chestnut & Crumble ——
栗子&美式奶酥挞

🥮 材料　　　　　　　　　　　　🔪 直径8厘米的无底模具10个

法式甜挞皮（意式浓缩咖啡风味）…350克
（→参见第13~14页）

杏仁黄油馅…350克
（→参见第18~19页）

栗子涩皮煮（做法见第46页）…20个

黑加仑（冷冻）…80克

开心果…5颗

防潮糖粉…适量

*香料奶酥（→参见第54页）

　低筋面粉…50克
　杏仁粉…40克
　带皮杏仁粉…10克
　燕麦片…35克
　黑糖…35克
　糖粉…35克
　无盐黄油…50克
　综合香料…约1大匙
　（肉桂粉2小匙、姜粉1/3小匙、
　　豆蔻粉1/3小匙、丁香粉少许）

🫓 做法

单烤挞皮（→参见第13~14页）

制作直径8厘米的法式甜挞皮（意式浓缩咖啡风味）。用预热至170℃的烤箱，单烤挞皮12~13分钟。烤成金黄色后，去除烘焙镇石和铝箔纸，放在冷却架上放凉。

1. 制作香料奶酥（→参见第54页）。

2. 在挞中均匀涂上1/3分量的杏仁黄油馅，加入黑加仑、切碎的栗子涩皮煮（每个挞放半个，一共用5个）[图a，图b]，再填入余下的杏仁黄油馅。

3. 再加上切碎的15个栗子涩皮煮[图c]和香料奶酥[图d]。

4. 挞和冷却架一起放入预热至170℃的烤箱里，烘烤约32分钟。烤好后取出，放凉后脱模。

5. 在边缘撒上糖粉，中间摆上切半的开心果。

关于材料

香甜酒

可混进杏仁黄油馅中，或用来浸泡水果来增添香气。此外，可以涂在烤好的杏仁黄油馅表面，以防止干燥的液体称为"潘趣酒"。本书也将香甜酒当作潘趣酒来使用。

a 安摩拉多　　　　　　d 麦斯朗姆酒
b 君度橙酒　　　　　　e 白兰地
c 百加得朗姆酒　　　　f 相曼怡香甜酒

果干

可加入杏仁黄油霜中，或作为装饰用。果干有着浓缩的风味，和新鲜的水果有着不同的风味与口感。芒果和杏等果干比较大，要先切碎再使用。

a 柠檬皮　　　　　　d 杏
b 柳橙皮　　　　　　e 蜜枣
c 芒果

干果

有的干果比如核桃，可以作为主要材料使用；有的适合用来当装饰；也有的可以切碎后加入杏仁黄油馅中。颜色漂亮的开心果是非常方便使用的材料，可以切成两半或切碎，用来装饰成品。

a 胡桃
b 核桃
c 开心果

镜面果胶

用来作为装饰的透明糖浆，主要原料一般是杏子。原味镜面果胶未添加果汁且呈透明状。用刷子将镜面果胶刷在水果等材料上，就会出现光泽。有需要加水、加热的类型，也有不需加水、加热的类型。本书使用的是需要加水、加热的镜面果胶，加入少量红酒等进行混合，调出些许色泽之后再使用。

a 镜面果胶（不需加水、加热）
b 原味镜面果胶（需要加水、加热）

除了面团和黄油等基本材料，以及水果、干果等主要食材外，还有其他各种各样能够画龙点睛的材料。

甘纳豆（说明见第75页）、巧克力粒

为挞内的食材起画龙点睛效果。加入杏仁黄油馅中，品尝时能获得惊喜。

a 甘纳豆
b 巧克力粒
c 白巧克力粒

果酱、冷冻水果

填入杏仁黄油霜的时候，加入果酱，风味别具一格。自己动手制作或直接购买都可以。此外，如果没有新鲜水果，使用冷冻水果也很方便。

a 覆盆子酱　　　c 大黄果酱
b 蓝莓果酱　　　d 黑加仑（冷冻）

椰子丝

将椰蓉切细后进行干燥处理的产品，分为粉末状的"粗椰子粉"与长条状的"细椰子丝"。可加入杏仁黄油霜中，或作为装饰。

a 粗椰子粉
b 细椰子丝

香料&新鲜香草

在给水果调味或作装饰时，香料和香草就能派上用场。使用一点点，就能引出黄油和水果的风味，成为味觉上的亮点。黑胡椒用整颗的，现磨现用，香气能够最大限度地保留。加入香草，会为挞增添清爽的感觉。建议不要使用干燥香草，新鲜香草方能发挥最优味觉。

a 粉红胡椒（说明见第37页）　f 肉桂（粉）
b 黑胡椒　　　　　　　　　　g 百里香
c 丁香（粉）　　　　　　　　h 薄荷
d 香草糖（见第51页）　　　　i 迷迭香
e 粗红糖

93

ひなた焼菓子店

OPEN 11:00-18:00
(L.O.17:30)

CLOSED MON TUE

MOBLEY WORKS

cafe menu
・モモタルト
・マロンタルト
・イチジクタルト
・アップルタルト
・芋モと栗と…

鲜嫩多汁的水果与柔滑顺口的奶油、
蕴藏着水果和干果的杏仁黄油馅，
还有能品尝出面粉原味的挞皮。

每种食材都能相互作用，发挥出彼此的优点，
因此才能成为充满魅力的挞派。

如果读者能通过本书与美味的挞派邂逅，
我将非常开心。

森和子

图书在版编目（CIP）数据

大师级缤纷水果挞／（日）森和子著，尚锦译. --
北京：中国纺织出版社，2019.7
（尚锦烘焙系列）

ISBN 978 - 7 -5180 -5895 -2

Ⅰ.①大… Ⅱ.①森… ②尚… Ⅲ.①西点—制作
Ⅳ.①TS213.23

中国版本图书馆 CIP 数据核字（2019）第 004852 号

HINATA YAYAKIGASHITEN NO TART FRESH&BAKED
© KAZUKO MORI 2014
Originally published in Japan in 2014 by KAWADE SHOBO SHINSHA LTD. PUBLISHERS,
Chinese (Simplified Character only) translation rights arranged with KAWADE SHOBO SHINSHA
LTD. PUBLISHERS, through TOHAN CORPORATION, TOKYO.
本书中文简体版经株式会社河出书房新社授权，由中国纺织出版社独家出版发行。
本书内容未经出版者书面许可，不得以任何方式或任何手段复制、转载或刊登。
著作权事同登记号：图字：01 -2017 -3301

责任编辑：舒文慧　　责任校对：江思飞　　责任印制：王艳丽
中国纺织出版社出版发行
地址：北京市朝阳区百子湾东里 A407 号楼　邮政编码：100124
销售电话：010— 67004422　传真：010— 87155801
http：//www. c-textilep. com
E-mail：faxing@ c-textilep. com
中国纺织出版社天猫旗舰店
官方微博 http：//weibo. com/2119887771
北京华联印刷有限公司印刷　各地新华书店经销
2019 年 7 月第 1 版第 1 次印刷
开本：787 ×1092　1/16　印张：6
字数：70 千字　定价：49. 80 元

凡购本书，如有缺页、倒页、脱页，由本社图书营销中心调换